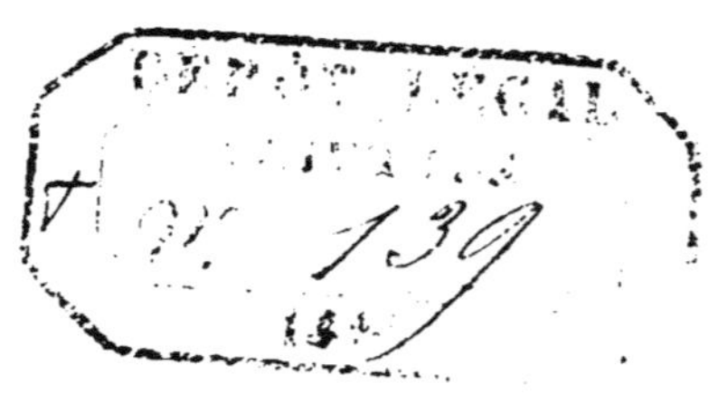

UNE FERME D'HERBE

DANS LE PAYS D'AUGE

INSTRUCTIONS D'UN PROPRIÉTAIRE

A

SON GRAND VALET

(1862)

Lisieux. — Typog. et lithog. de Mme Lajoye-Tissot.

UNE FERME D'HERBE

DANS LE PAYS D'AUGE

INSTRUCTIONS D'UN PROPRIÉTAIRE

A

SON GRAND-VALET

(1862)

PAR

LOUIS HALPHEN

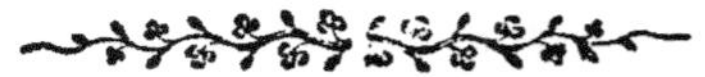

AU CASTELIER, PRÈS LISIEUX

—

1867

INSTRUCTIONS

ADRESSÉES

PAR UN PROPRIÉTAIRE

A SON GRAND-VALET

Je vous trace ici mes instructions, de manière qu'en mon absence vous ne soyez jamais embarrassé, dans tout ce qui touche à l'exploitation de ma ferme.

Pour plus de simplicité et pour nous conformer aux grandes divisions de notre comptabilité nous adopterons autant de chapitres d'exploitation que nous avons de comptes généraux dans nos livres.

I. FRAIS GÉNÉRAUX. — Ce chapitre comprend, comme vous le savez, toutes les dépenses concernant l'exploitation entière et qui ne peuvent être reparties entre les diverses branches, qu'à la fin de chaque exercice. Votre traitement de six cents francs doit être inscrit régulièrement par douzième le dernier jour de chaque mois; l'indemnité de nourriture qui vous est allouée doit être inscrite à la fin de chaque semaine. Elle consiste, comme il est convenu, en deux kilogrammes et demi de viande par semaine et qui doivent être acquittés tous les samedis. Il importe que vous consommiez réellement ces deux kilogrammes et demi de viande; en vous les allouant, je n'ai pas entendu augmenter vos profits en argent, mais bien maintenir vos forces par une nourriture plus azotée que celle que vous prenez d'ordinaire. J'ai calculé que votre alimentation, grâce à cette addition, allait équivaloir à celle d'un ouvrier dans le pays où elle est la plus forte, c'est-à-dire en Angleterre. Vous avez droit également à un tonneau de gros cidre (1,000 litres) par an, et dont vous aurez à créditer le compte « distillerie » le jour où vous débiterez le compte « frais généraux. » Je vous dois également le feu et la lumière. Vous ferez deux fois par an votre provision de chandelles que vous solderez toujours immédiatement ; vous emmagasinerez le bois nécessaire à votre consommation par cordes et par cent de bourrées, créditant le compte « récoltes », débitant le compte « frais généraux. » Les impositions, qui appartiennent à ce dernier compte, seront acquittées par moitié, savoir : dans les premiers jours de janvier, et dans les premiers jours de juillet. Les assurances immobilières et mobilières de la ferme ne doivent pas figurer au compte « frais généraux » mais bien au compte « distillerie. » En voici la raison : la distillerie fait corps avec tous les bâtiments assurés ; elle en a élevé le taux de la prime; il est donc juste qu'elle en supporte les conséquences. Les réparations des bâtiments, telles que celles de couverture, carrelage, peintures, vitres et menus travaux de menuiserie rentreront dans les « frais généraux. » L'entretien des chemins est dans les mêmes conditions. J'insiste sur ce dernier article; vous ne devez rien négliger surtout en hiver où les travaux sont moins nombreux, pour maintenir en bon état tous nos chemins d'exploitation. Il n'y a pas d'argent mieux dépensé en agriculture que celui qui économise le travail des bêtes de somme, en diminuant leur peine, et en rendant leur marche plus rapide. D'ailleurs de bons chemins ménagent les voitures. Les clôtures, haies, et barrières demandent à être toujours surveillées, sans quoi les bestiaux que nous entretenons dans la ferme nous causeraient à nous-mêmes et à nos voisins des dégâts, dont nous aurions à payer les frais. Nous pourrions par ce motif en faire supporter l'entretien au compte « bestiaux. » Mais cela pourrait paraître exagéré au plus grand nombre de ceux, qui examineraient notre comptabilité, et il faut avant tout, qu'un livre de compte soit clair et régulier aux yeux de tous. Provisoirement l'entretien des clôtures sera porté au débit du compte « frais généraux. »

II. ÉCURIE. — L'écurie de notre ferme constitue une industrie particulière, avec laquelle nous traitons, comme si elle était complétement indépendante de notre exploitation. Elle doit d'abord payer son loyer à la ferme. Vous aurez donc à créditer le compte « frais généraux » d'une somme annuelle que je vais essayer d'estimer, et cela avec d'autant plus de facilité, que le local où s'abritent les chevaux vient d'être construit. La dépense a été de..... dont l'intérêt à cinq pour cent représente le loyer, soit..... Nous entretenons à l'écurie en ce moment des juments poulinières, dont un certain nombre sont attelées, les autres ne devant jamais l'être. Les premières sont nourries dans leurs stalles ; les autres sont libres dans les herbages. Celles-ci consomment, c'est l'estimation habituelle, pour 300 francs d'herbe annuellement et par tête, et cela au détriment des bestiaux qui vivent sur la ferme, il est donc juste de débiter le compte « écurie » de 300 fr. par an pour ce fait et de créditer le compte « bestiaux » de la même somme. L'homme de journée chargé de soigner et de conduire les attelages reçoit un salaire de 2 fr. 50 c.; il doit être payé chaque semaine au débit du compte « écurie. » S'il vous arrive d'employer cet homme à d'autres travaux, vous devez en tenir compte à l'écurie, en la créditant à raison de 25 c., par heure de travail de l'homme qui lui appartient.

Il est bien entendu que lorsque vous détournerez un ouvrier de la ferme, de son travail, pour l'employer momentanément aux soins ou à la conduite des chevaux, vous devez de même débiter l'écurie de ses heures de travail et créditer par contre le compte pour lequel il était engagé.

Tout notre matériel de transport, qui figure au crédit de notre dernier inventaire appartient aujourd'hui à l'écurie et vous avez dû en débiter son compte. L'entretien de ce matériel est nécessairement à la charge de l'écurie, comme aussi tous les frais relatifs aux chevaux, aux harnais, charron, maréchal-ferrant, bourrelier, vétérinaire doivent être payés toutes les fois qu'on les emploie, de manière que vous n'ayez pas de compte à leur ouvrir. Les saillies qui naturellement sont au débit de l'écurie auront toujours lieu jusqu'à contre ordre dans l'une des trois ou quatre stations du gouvernement, qui nous entourent. Vous ne donnerez jamais à nos juments communes que des demi-sang ayant beaucoup de gros. Vous me consulterez pour les étalons à donner aux juments distinguées. Nous ne produisons sur la ferme, pour la nourriture de nos chevaux, que du foin qui est vendu à l'écurie par le compte « récolte. » L'avoine devra être achetée au mieux de nos intérêts sur les marchés voisins et par provision de trois mois au moins, au débit du compte « écurie. » La ration moyenne des juments d'attelage sera de six litres. Quant à la paille il vous faudra choisir les époques avantageuses, pour en acheter en raison de la place que vous aurez dans vos greniers. Vous pourrez, suivant les circonstances, remplacer la paille de blé par celle d'avoine. Comme cette paille ne sert absolument que de litière à nos chevaux, j'ai trouvé plus simple de n'en pas débiter l'écurie et de considérer qu'elle est acquise par le compte « fumier » qui la fait consommer à son profit, dans l'écurie. Ainsi le compte « écurie » se trouve exonéré de la paille mais le fumier produit ne lui appartient pas. Tel est à peu près le résumé des charges du compte « écurie. » Ses profits, qui formeront la colonne des crédits proviendront d'abord des transports effectués pour les diverses branches de l'exploitation, et seront comptés à raison de 1 fr. l'heure pour un homme conduisant deux chevaux, et de 65 c. l'heure pour un homme conduisant un cheval. Cette estimation n'est qu'approximative, elle n'est pas ce qu'on appelle en agriculture le prix de revient. Mais avec une écurie de juments poulinières, destinées à donner des poulains d'une valeur variable, ce prix de revient est impossible à établir, et je n'ai cherché qu'à obtenir un chiffre suffisamment rémunérateur. Les poulains qui naîtront de nos juments seront vendus à l'âge de six mois, ils seront élevés en liberté dans les herbages, vous aurez donc le jour où vous les vendrez : 1º à créditer le compte « écurie » de leur prix de vente; 2º à créditer le compte « bestiaux » de 50 fr. par tête de poulain vendu, comme une juste indemnité de pâture; 3º à débiter le compte, écurie de 50 fr. par tête de poulain vendu. Je reviens au transport pour insister sur ce point capital, que sous aucun prétexte un cheval ne doit être attelé, sans que le compte « écurie » en profite; et s'il arrivait que son travail ne concernât pas directement une des branches de notre exploitation ou mon service personnel, vous auriez à débiter de ce fait le compte « frais généraux. »

Au commencement de l'exercice nous avons inscrit au crédit de l'inventaire le prix des juments que nous venions d'acquérir, et en même temps nous débitions de même somme le compte « écurie. »

A la fin de l'année nous aurons à fixer pour l'ajouter au débit de l'écurie l'amortissement ou moins-value des juments. Il dépend de votre surveillance, que les bons soins donnés à ces animaux et les ménagements dans le travail rendent cette moins-value aussi faible que possible.

III. FUMIER. — Pour bien comprendre l'établissement du compte « fumier » et le détail des opérations de fumure, nous imaginerons qu'un étranger a entrepris pour une période de quatre années la fumure de nos terres, à la condition expresse d'employer notre écurie au transport, et que nous tenons les comptes de frais de cet étranger, sans nous préoccuper des profits que nous en tirons. Toutes les pièces de la ferme doivent être fumées dans ces quatre années. Le compte « fumier » achète les fumiers d'auberge, les transporte, par l'entremise de notre écurie, de la ville sur nos terres, les fait épandre à ses frais par des hommes, dont il paye les journées; il agit de même pour les engrais artificiels, et les amendements; il achète les pailles, qu'il fait consommer dans notre écurie et dans nos étables, mais le fumier produit dans celles-ci lui est livré dans la fosse à fumier, par les gens de l'écurie et des étables; c'est le compte « fumier » qui recueille le purin dans la fosse, emplit le tonneau arroseur, et transporte sur les pièces l'engrais liquide. Toutes les opérations de curure de mares et fossés, de levée de terre végétale et d'épendage de ces vases et terres sont exécutées par le compte « fumier. » Généralement tout travail dont le résultat est l'amendement ou l'engraissement du sol est porté au débit du compte « fumier » qui d'ici à quatre ans ne verra rien inscrire à son crédit. Vous vous demanderez sans doute les motifs qui me déterminent à laisser un compte si longtemps ouvert sans le balancer, et, quittant le domaine de la comptabilité pour celui des opérations positives de l'agriculture, vous ne vous expliquerez pas pourquoi je ne fais pas payer à mes récoltes le fumier qui les produit. Je ne procèderais pas ainsi, en effet, si mon exploitation comprenait des terres de labour. Mais comme elle est entièrement composée de pâturages, de prés à faucher et de vergers, j'ai le droit d'espérer de l'engraissement intensif d'un sol herbé, une sérieuse amélioration qui se fera sentir bien au-délà de quatre années, mais dont je ne serai juge qu'à la fin d'une première période. A ce moment j'aurai à faire pour balancer le compte « fumier » deux parts : l'une qui se traduira au débit des récoltes et du compte des bestiaux de rente, l'autre au débit d'un compte qui est déjà ouvert dans vos livres sous le titre « amélioration du fonds. » Les dépenses annuelles du compte

« fumier » seront ainsi pendant quatre ans inscrites au capital.

IV. BESTIAUX. — Nous sommes convenus de désigner sous le nom de « bestiaux » les bœufs que nous entretenons à l'engrais dans nos herbages et les genisses (qui ne sont pas nées sur la ferme) jusqu'au jour de leur premier vêlage, auquel cas le compte « bestiaux » les vend à la vacherie. Tous nos pâturages appartiennent au compte « bestiaux » ; si l'écurie, si la vacherie y viennent prendre leur part, ce devra toujours être à raison de 300 fr. par an et par cheval et 200 fr. par vache, au débit de l'écurie ou de la vacherie et au crédit du compte « bestiaux. »

Les bestiaux doivent le loyer des pâturages à raison de 120 fr. l'hectare. Le nombre de bœufs à l'engrais, que nous entretenons, en moyenne, est de trois bœufs par deux hectares de pâture, en calculant qu'un cheval représente deux bœufs, que deux génisses ou deux poulains équivalent à un bœuf, et une vache à deux bœufs. L'expérience a démontré, que les vaches à l'engrais sont moins profitables au fonds que les bœufs, et bien que la théorie ne rende pas un compte exact de ce fait, nous proscrirons, jusqu'à nouvel ordre, les vaches grasses de notre exploitation. Vous continuerez d'acheter les bœufs maigres sur les marchés du département de l'Orne et des départements de l'ancienne Bretagne. Vos frais de voyage, de foire et de marché ne seront plus, comme par le passé, répartis entre les têtes de bétail acquises; vous en ferez une note à part, que vous porterez au débit du compte « bestiaux ». Les bœufs, à leur arrivée dans la ferme et après une nuit de repos, seront pesés à la bascule et leur poids sera inscrit au journal, à côté de leur prix d'achat. La veille de leur départ pour Poissy ils seront pesés de nouveau, de telle sorte qu'à la fin de chaque exercice nous connaîtrons le chiffre exact du poids vivant produit dans la ferme. Il est bien entendu que vaches, genisses, chevaux et porcs doivent également être pesés à leur arrivée à la ferme, et à leur sortie. Mais, pour ces derniers, j'aurai à vous donner des explications qui trouveront place ailleurs. Le prix d'achat de la bascule, augmenté des frais de son installation, ne figure jusqu'à présent qu'au crédit de l'inventaire ; je crois juste de balancer cet article par le débit du compte « bestiaux. » car il est incontestable que la connaissance du poids d'un bœuf gras nous assure un élément très utile à sa bonne vente. En ce qui concerne les bœufs d'hiver, nous avons adopté deux systèmes : celui de la stabulation permanente et celui de la liberté jour et nuit dans les herbages. Les bœufs à l'étable recevront, comme par le passé, trois bottes de foin, par jour et par tête, soit un peu plus de quinze kilog. Il y aura avantage à leur donner du maître foin ; les animaux bien nourris engraissent plus vite et leur fumier est plus abondant et meilleur. La paille qui servira de litière aux bœufs sera fournie par le compte « fumier » à charge par le compte « bestiaux » de livrer dans la fosse le fumier produit. J'ai fait établir dans l'étable à bœufs deux cheminées d'appel, qui fonctionneront régulièrement quand vous ferez ouvrir les grandes prises d'air du côté nord. C'est à vous de veiller à la marche de cette ventilation, qui assure la santé des animaux et leur développement rapide. Nos bœufs d'hiver, en liberté, recevront une ration journalière de deux à trois bottes de foin de relais, suivant que vous jugerez nécessaire d'ajouter un supplément à leur pâture naturelle. Vous pourrez, par exception, à l'époque des neiges, rentrer tous les bœufs dans l'étable, pour les remettre en liberté après la fonte. Je n'ai pas besoin de vous rappeler que le foin consommé par les bœufs doit être inscrit au crédit du compte « récoltes » et au débit du compte « bestiaux ». Seulement, vous vous souviendrez que les bestiaux doivent payer le maître foin au cours du marché de Lisieux et le foin de relais à notre prix de revient, lequel est facile à établir, comme vous en jugerez lorsque nous traiterons des récoltes. Je ne saurais trop vous recommander de veiller à la propreté des bestiaux à l'étable ; un pansage journalier équivaut à un supplément de ration. Des essais qui se poursuivent, dans ce moment, dans plusieurs écoles d'agriculture, semblent prouver qu'en brûlant le poil d'un bœuf avec soin, de manière à ne pas entamer la peau, on hâte prodigieusement son engraissement. Si vous pouvez vous charger de cette difficile expérience je vous engage à le faire. Les genisses sont souvent

un excellent revenu, mais à la condition
qu'elles aient de la race et de la distinction,
parce qu'il est rare alors qu'on ne trouve
pas, dans nos pays, un cultivateur disposé
à payer largement ces qualités chez une
vache qui en est à son premier veau.
L'usage est cependant de vendre les genisses amouillantes, mais pour nous il est
préférable d'attendre le vêlage, de vendre
le produit s'il est un mâle et de l'élever
s'il est une femelle. J'ai compris les genisses
dans le compte « bestiaux », quand elles
n'étaient pas nées sur la ferme, jusqu'au
jour du vêlage, parce qu'il m'a paru ratio-
nel de confondre l'opération d'engraissement et l'opération de croissance; mais
du moment qu'une genisse devient vache
chez nous, ses produits appartiennent à la
vacherie et il serait irrégulier de faire
passer au compte « bestiaux » un bénéfice qui ne lui appartient pas. Ainsi, les
frais de saillie d'une genisse quelconque

seront portés au débit de la vacherie et la genisse sera achetée par la vacherie au compte « bestiaux », suivant estimation consciencieuse, quelques jours avant son vêlage. Le compte « bestiaux » ne sera, pour ainsi dire, chargé d'aucuns frais de main-d'œuvre ; car, si nous exceptons les soins de propreté donnés à l'étable, nous ne retrouvons nulle part le travail de l'homme aidant à l'engraissement. Le service d'affouragement ne sera pas à la charge du compte « bestiaux » car, au prix où ceux-ci payent le foin, le compte « récoltes » doit raisonnablement le fournir dans les rateliers et dans les herbages. Les charrois de fourrage sur les diverses pièces de la ferme se feront par débit des récoltes et crédit de l'écurie. Les distances étant très courtes, il sera inutile d'inscrire jour par jour ce double article relatif aux charrois des fourrages. Il suffira que vous estimiez le nombre d'heures consacrées à ce service pendant une semaine et que vous en passiez écriture tous les samedis. Je vous ai dit plus haut que nos bestiaux étant en liberté dans nos herbages, leur compte ne devait supporter aucun frais de loyer des bâtiments; toutefois, le petit nombre de bœufs d'hiver que nous engraissons à l'étable semble fausser notre dire, mais, pour ceux-ci, vous savez qu'ils ne sont à nos yeux que des producteurs de fumier, et par conséquent c'est le compte « fumier » qui devra payer le loyer d'étable, à raison de six centimes par jour et par tête de bétail.

V. Vacherie et Basse-cour. — Nous avons réuni sous le seul titre de compte « basse-cour » tout ce qui est relatif aux volailles, porcs et vaches, parce que, d'une part, la direction de ces trois services est confiée à une seule et même personne, et que de l'autre, l'exploitation lucrative de l'un de ces trois services nécessite forcé-

ment l'existence des deux autres. Compren-
driez-vous, en effet, qu'on put avoir une
vacherie, laquelle comporte une laiterie,
sans utiliser les débris de cette dernière,
à l'élève des volailles et des porcs. Comme
aussi il vous paraîtrait très difficile d'avoir,
soit une porcherie, soit une basse-cour,
si vous n'aviez à côté d'elle la ressource de
votre vacherie. Cela dit, l'établissement
d'un compte unique rendra et vos écritures
faciles, et cette triple exploitation très
simple. La femme de basse-cour, qui est
logée dans la ferme, mais qui n'y est point
nourrie à nos frais, reçoit un salaire de
30 fr. par mois que vous lui solderez régulièrement au débit du compte « basse-
« cour »; elle doit traire ses vaches, soigner ses volailles et ses porcs, faire le
beurre, et en général veiller à tous les
travaux de la laiterie, dont elle aura la
clef sous sa responsabilité; vous lui ferez
tenir un petit livre auxiliaire, sur lequel

elle inscrira tous les jours le nombre de litres de lait produit et les quantités de beurre, crème ou fromages, qu'elle vous livrera, et dont vous aurez à opérer la vente, au profit du compte « basse-cour. » Tout ce qui sera nécessaire à l'éducation et à l'engraissement des volailles et des porcs, tels qu'orge, farine, son, sera acheté par vous et par provision au débit du compte « basse-cour » pour être remis au fur et à mesure des besoins. Les débris de la laiterie, qui devront tous profiter, soit aux volailles, soit aux porcs, ne sortant pas de leur propre compte, ne donneront lieu à aucune écriture.

La basse-cour devra se composer, pour la majeure partie, d'individus de la belle race de Crèvecœur, à raison d'un coq par dix poules ; les cochinchinoises, étant d'excellentes mères, il en faudra conserver cinq ou six, mais quant aux autres races, nous les proscrirons. Les canards seront tous de l'espèce dite de Rouen, et on en entretiendra de façon qu'il y en ait toujours au moins quarante pièces dans la cour de la ferme où, grâce aux belles eaux de source qu'ils y trouvent, ils profitent si rapidement. Quant aux oies, leur petit troupeau ne devra jamais dépasser douze têtes et cela encore si vous ne vous apercevez pas que leur entretien détériore nos herbes. On a souvent prétendu que les excréments de l'oie étaient nuisibles au fonds, mais c'est là une erreur, que tous ceux qui les ont examinés par les procédés de la chimie n'ont pas manqué de réfuter ; chez l'oie, ce qui est à redouter pour nos herbes c'est le bec avec lequel elles pâturent de trop près. Les dindons exigent de grands soins, mais sont d'un grand rapport ; il ne faut jamais en élever un nombre trop exagéré, parce qu'ils absorberaient le service entier d'une personne, mais il est bon d'en élever tous les ans 25 ou 30. Pour me résumer, je vous engage à composer votre basse-cour d'un nombre constant d'environ 200 têtes. Vous savez, comme moi, combien les volailles en liberté dans une cour l'amendent rapidement.

Provisoirement, votre porcherie ne sera qu'une porcherie d'engrais. De jeunes porcs châtrés, âgés de quelques mois seulement, et achetés sur le marché, courront à travers la ferme, jusqu'au jour où leur croissance paraîtra suffisante pour qu'on les enferme dans leurs cellules où on les poussera au gras. Aussitôt qu'un porc aura été enfermé, il sera remplacé par un jeune en liberté.

Le système de porcherie d'engrais que j'ai adopté m'a donné de si bons résultats que je ne veux pas m'en départir; les planchers à claire-voie ont un double avantage, ils économisent la litière, et en rendant les mouvements de l'animal difficiles, hâtent son engraissement. Vous veillerez aussi à ce que trop de jour ne pénètre pas dans la cellule qui est construite de façon qu'avec le petit nombre d'ouvertures qui y sont pratiquées, il entre assez d'air pour la ventilation, et pas trop de lumière. Les aliments devront toujours être donnés chauds, et avec la plus grande régularité à la première heure du jour, à midi et au coucher du soleil.

La race de nos porcs, qui, jusqu'à présent, a été celle du pays, laisse beaucoup à désirer sous le rapport du temps nécessaire à l'engraissement, mais les sujets sont de vente facile et il faudra encore quelques années pour que les bonnes races introduites dans la contrée présentent cet avantage commercial; nous suivrons le mouvement. Il n'y aurait pour nous aucun bénéfice à le devancer. Nos vaches seront toutes de la race cotentine, à laquelle aucune autre ne saurait être comparée pour les qualités lactifères; elles seront saillies par des taureaux cotentins; quand les génisses qui en naîtront ne présenteront pas les qualités de leur mère, ce qu'il est permis de juger dès le premier âge, au moins approximativement, il faudra les vendre, car il n'y a de bons profits, qu'avec de parfaites laitières.

Voici quelques indications des qualités de race à rechercher dans une génisse ou dans une vache :

Tête petite, fine et conique;

Joue petite;

Gorge blanche;

Museau bien fait et entouré de couleurs claires;

Narines hautes et ouvertes;

Cornes douces, ridées, pas trop larges à la base ni trop coniques;

Oreilles petites et minces;

Œil grand et vif;

Cou étroit, fin et bien posé sur les épaules;

Poitrine large et profonde;

Tronc de forme circulaire et bien développé.

Côtes bien dessinées; peu d'espace entre la dernière côte et la hanche;

Dos droit depuis le garot jusqu'à l'origine des hanches;

Dos droit depuis l'origine des hanches jusqu'à la naissance de la queue, et queue en équerre avec le dos;

Queue plutôt fine;

Queue tombant jusqu'au jarret;

Peau mince et mobile, mais non flasque;

Peau couverte de poils fins et doux;

Peau d'une bonne couleur;

Cuisses antérieures courtes, droites et fines;

Jambes de devant renflées, pleines au-dessus du genou et grêles au-dessous;

Quartiers de derrière, depuis le jarret

jusqu'à la culotte, longs et bien remplis ;

Jambes de derrière courtes et droites (les jarrets exceptés), et os fins de préférence ;

Jambes de derrière posées carrément et pas trop rapprochées l'une de l'autre, vues postérieurement ;

Jambes de derrière ne se croisant pas en marchant ;

Sabots petits ;

Mamelle bien pleine ;

Mamelle placée haut en arrière ;

Pis bien développés, disposés en carré et bien séparés ;

Veines laitières très-saillantes.

Bien qu'entretenues en liberté à travers les herbages, les vaches devront être rentrées le soir à l'étable, à partir de la Toussaint jusqu'au printemps ; elles paieront un loyer de 4 centimes par nuit et par tête ; pendant la belle saison, et surtout durant les grandes chaleurs, toutes les étables resteront ouvertes, de manière que les vaches puissent venir s'y abriter, et le compte « fumier » leur fournira de la paille qu'elles lui rendront en engrais. Vous veillerez à ce que les vaches et les bœufs ne pâturent pas en même temps les mêmes herbages. Pendant la floraison des pommiers et à l'époque où les fruits commencent à mûrir, vous ferez toujours embrêler les vaches, dans la crainte qu'elles ne ravagent vos pommiers.

Le foin de recoupe (regain) sera consommé exclusivement par nos laitières; le compte récoltes sera débité de tout le regain consommé, au prix de revient que vous établirez en additionnant les journées d'hommes à la faulx, au rateau et à la fourche employés à cette récolte, les heures de charroi, les heures de fauchaison à la machine Wood à raison de 1 fr. 50 c. l'heure. Cette somme de 1 fr. 50 c. comprend le loyer, l'entretien et le graissage de la machine, le salaire du conducteur et le travail du cheval; les heures de fenaison avec la machine Boby à raison de 1 fr. l'heure (ce prix comprend le loyer, l'entretien et le graissage de la machine, le salaire du conducteur et le travail du cheval).

Cet établissement des prix de revient est étranger à votre comptabilité générale; il est simplement destiné à fournir un chiffre au débit des récoltes et au crédit de la basse-cour-vacherie.

Quant au maître-foin consommé l'hiver par les vaches à raison de quatre bottes ou un peu plus de 20 kilogrammes par jour et par tête, il sera vendu à la vacherie par le compte « récoltes » au prix courant du marché de Lisieux. J'entends une fois pour toutes, par prix courant, le prix moyen dans le mois.

Lorsque vous distribuerez vos bestiaux entre les herbages qu'ils devront pâturer, vous aurez toujours soin de réserver pour vos laitières les pièces où celles-ci trouveront à s'abreuver dans une eau courante. La bonne qualité de l'eau est une des conditions d'un lait abondant et riche en beurre.

La laiterie devra toujours être tenue avec la plus grande propreté, et les lavages répétés de son sol y maintiendront une fraîcheur constante; tous les ustensiles seront lavés chaque jour à l'eau bouillante; la baratte du Holstein, que j'ai introduite récemment, servira, à l'exclusion de toute autre, à la fabrication du beurre, dans les lavages duquel on emploiera toujours l'eau de la plus pure de nos sources, dût-on, dans les temps d'orage où les sources se troublent, la filtrer avant de s'en servir.

Vous débiterez le compte basse-cour du loyer de la laiterie, soit 20 fr. par an; du prix d'achat de tous les ustensiles, de la valeur des vaches laitières suivant estimation, du loyer des herbages, et comme il a été dit plus haut, au profit du compte bestiaux; vous débiterez également la basse-cour de la valeur des volailles acquises avant le 1er décembre dernier; du loyer de la poulerie, soit 25 fr. par an; du prix d'achat des jeunes porcs; du loyer de la porcherie à raison de 5 fr. par porc mis en cellule dans l'année.

Le crédit du compte basse-cour comprendra nécessairement toutes les ventes des individus et des produits divers de la vacherie, de la basse-cour et de la porcherie.

Je n'ai pas besoin de vous rappeler que l'alimentation des animaux de cette branche de notre exploitation, les frais de vétérinaires, de saillies, etc., seront toujours inscrits, et cela journellement, au débit du compte basse-cour.

En choisissant bien nos laitières et les

taureaux auxquels nous les conduirons, nous ne pouvons manquer de nous composer une très-belle collection d'animaux, que nous pourrons présenter avec avantage dans les différents concours du pays. Si cela arrive et que nos animaux soient primés, ce sera un nouveau profit à ajouter à ceux que j'attends de la vacherie, mais comme ce profit sera dû à vos soins intelligents et aux. connaissances spéciales que vous aurez su acquérir, ces primes seront votre récompense et vous en toucherez toujours le prix.

Avant de quitter le chapitre des animaux, et pour n'y plus revenir dans la suite de ces notes, je veux appeler votre attention sur un point important. Il s'agit ici aussi bien des bœufs que des vaches.

On a coutume de calculer pour chaque herbage le nombre de têtes qu'on y peut entretenir pendant la belle saison, et c'est même sur cette donnée que sont louées

les fermes d'herbe. Or, ce calcul n'est
rien moins qu'exact. Le nombre des têtes
n'est dans aucun rapport appréciable avec
la quantité de matière nutritive fournie
par une surface d'herbe. Ce rapport, il faut
le chercher entre le poids vivant des animaux qui la pâturent et cette surface
nutritive, si l'on veut être dans la vérité
des choses.

On sait qu'un animal entretient sa vie
par une alimentation équivalant à 3 % de
son poids vif, et qu'ainsi, un bœuf pesant
400 kilogrammes, a besoin journellement,
pour vivre, de 12 kilogrammes de substance nutritive, tandis qu'un bœuf de
600 kilos exige une nourriture de
18 kilogrammes. Il en est de même
pour les vaches. Votre bascule sur laquelle doivent passer tous les animaux à
leur entrée dans la ferme, vous fournira le
moyen de connaître à la fin de l'exercice
la quantité de poids vivant entretenu dans

nos herbages, et, d'un autre côté, le poids du lait tiré, l'augmentation du poids des bœufs vendus, vous donneront la mesure de toute la substance nutritive enlevée par les animaux à la terre.

Toutefois, il ne faudrait pas croire qu'il soit indifférent de répartir la quantité de poids vivant, que peut nourrir un pâturage, sur un petit ou sur un grand nombre de têtes; et qu'ainsi, il reviendrait au même de nourrir un bœuf de 600 kilos, ou deux bœufs de 300. L'expérience démontre qu'une quantité donnée de nourriture profite plus à une seule existence qu'à deux existences, pesant ensemble autant que la première; d'où il suit que si une terre d'herbes est supposée pouvoir porter un certain poids d'animaux, il y a avantage à la charger d'animaux lourds plutôt que d'animaux nombreux. Il s'entend que je ne parle ici que des bons fonds; il y aurait folie, vous le savez, à entretenir de lourds animaux dans de maigres pâturages. La nature a pourvu à ce dernier cas, malheureusement trop fréquent, en créant les petites races pour les petits fonds; elle a donné aux intestins des petites races des dimensions plus larges, où peuvent pénétrer des aliments plus volumineux et plus pesants, mais moins nutritifs à poids et à volumes égaux. Vous aurez donc à apporter la plus grande attention, quand vous changerez vos herbages, à ce fait que les meilleurs devront entretenir un petit nombre d'animaux lourds, et les plus mauvais, un nombre relativement plus grand d'animaux de petites races.

VI. RÉCOLTES. — Nous avons confondu, sous le titre de récoltes, les produits de nos prés à faucher, de nos arbres fruitiers et de nos bois. Foin, pommes et poires, cordes de bois et bourrées, lorsqu'ils entrent dans la ferme, composent, pour la facilité de nos écritures, un seul et même magasin. C'est à ce magasin que nous avons ouvert un compte, appelé compte « récoltes, » Nous le débitons de tous les frais que nous ont fait supporter les produits jusqu'au moment où ils sont consommés ou vendus. Il est donc juste, tout d'abord, de débiter le compte « récoltes » du loyer des parties de bâtiment servant de magasin ; main-d'œuvre et charrois sont comme de raison à la charge des récoltes, et je ne reviendrai pas sur la manière dont vous devez en passer les écritures, m'étant surabondamment étendu sur ce point dans les chapitres précédents; mais, je veux vous expliquer comment les machines que nous employons pour récolter nos produits jouent leur rôle en comptabilité. C'est le compte « récoltes » qui les a acquises, il en est débité. Il loue de l'écurie au prix ordinaire de 1 fr. par heure et par cheval, les chevaux qui conduisent les machines, et quant aux conducteurs de celles-ci, le compte « récoltes » leur paye un salaire de 25 cent. par heure. Les réparations de ces instruments, toujours délicats quand on leur demande un travail parfait, sont naturellement une autre charge pour le compte « récoltes » aussi bien que le graissage, l'affilage des pièces tranchantes etc. Je ne crois pas nécessaire d'amortir le capital des machines, dont toutes les pièces peuvent successivement être remplacées quand elles se rompent ou sont usées et qui, partant, ne vieillissent jamais.

C'est vous qui conduisez d'ordinaire la faucheuse Wood ; les derniers perfectionnements dont l'a dotée M. Peltier en font aujourd'hui un instrument très-pratique, mais votre expérience a dû vous apprendre qu'elle ne fonctionne très régulièrement qu'autant qu'on y attèle un cheval bien dressé et suffisamment fort pour con-

server l'allure d'un pas très lent pendant
le travail. Vous aurez donc à vous occuper
de former deux bons chevaux pour le service de la faucheuse, et que nous attèlerons
au besoin ensemble quand nous mettrons
bas nos herbes épaisses, car, vous le savez,
dans ce dernier cas l'effort d'un seul cheval est insuffisant.

La faneuse Boby que j'ai rapportée
récemment d'Angleterre, où elle m'avait
frappé par les détails peu compliqués de
sa construction, est une machine qui ne
laisse plus rien à désirer; le premier venu
peut la conduire, et vous la livrerez désor-
mais à un journalier quelconque, quand
viendra le temps de la fenaison. J'estime
que la faucheuse travaillant 8 heures par
jour, au prix de 1 fr. 50 c. l'heure, soit
12 fr. par jour, fait le travail de huit fau-
cheurs, qui coûteraient au moins 35 fr.
Quant à la faucheuse, il est généralement
admis que son travail équivaut à celui de

15 femmes qui, au prix ordinaire, dans notre pays, de 1 fr. 50 c., reviendrait à 22 fr. 50 c.; c'est donc une économie de 18 fr. par jour, si l'on compte à 1 fr. l'heure le travail de la faneuse pendant huit heures. Nous aurons l'an prochain une machine de plus à notre service pour la récolte des foins : le rateau à cheval. Cet instrument est le complément de la faneuse, mais il n'est que d'un secours médiocre quand on l'emploie sans posséder celle-ci. Avec le rateau à cheval, le traitement du foin doit être quelque peu modifié; c'est ainsi que la mise en veillottes disparaît forcément; on se contente de mettre le foin en rances, d'ouvrir les rances et de les répartir avec la faneuse pour les remettre plus tard encore une fois en rances, avec l'aide du rateau, et recommencer, ainsi de suite, jusqu'à suffisante dessication. L'utilité du rateau à cheval et l'économie qu'il produit se fait surtout sen-

tir lorsqu'au moment de monter les meules on ramasse, sur un même point, de grandes quantités de foin. Deux ouvriers suffisent alors pour monter une meule, l'un en bas, l'autre au sommet. J'avais pensé introduire dans ma ferme un botteleur mécanique; son prix n'était pas trop élevé, mais il exigeait le travail de deux hommes qui, en dix heures, ne pouvaient botteler que 800 bottes de 5 à 6 kilog. l'une, c'est-à-dire juste autant qu'un botteleur exercé de notre pays, auquel nous donnons de 1 fr. à 1 fr. 25 c. par 100 bottes. Nous continuerons donc à suivre, en ce qui touche le bottelage, les vieux errements.

A l'imitation de ce qui se pratique en Angleterre, on a essayé dans plusieurs grandes fermes de notre voisinage de ne pas botteler le foin et de le conserver en plein air par meules énormes de 7 à 8,000 bottes. Je crains que les résultats ne soient pas très favorables, et j'attendrai, avant de me ranger à cette pratique, que l'expérience des autres m'ait convaincu.

Il est d'usage dans le pays, lorsqu'on vend du foin, de le livrer à l'acheteur, en son domicile, à raison de 104 pour 100; c'est pour le vendeur une perte sèche de 4 pour 100. Aussi devons nous considérer que cet usage est corrélatif de l'habitude de se faire payer le foin argent comptant, et partant inscrire les 4 pour 100 dans nos livres, à titre d'escompte. C'est ce que nous ferons aussi pour les pommes, attendu qu'à leur égard nous retrouvons le même usage. La récolte des fruits se fait, dans notre contrée, de deux manières différentes, soit à la journée, soit à forfait. Le second mode est le plus avantageux, parce que le tâcheron, qui est payé à tant l'hectolitre, travaille plus rapidement et ne laisse rien perdre de la récolte. Nous trouverions dans le système du forfait cet autre avantage de connaître toujours très

exactement le quantùm de notre récolte,
ce qui n'a jamais lieu qu'approximativement quand, pressés de rentrer nos fruits
dans leurs greniers, nos ouvriers les en-
tassent dans les tombereaux. Il vous faudra surveiller toujours de très près l'abat-
tage des fruits, car si cette opération est
faite avec brutalité, elle cause les plus
grands dommages aux arbres; la cueillette
à la main serait sans contredit préférable
au système des gaules, voire même à l'é-
branlement des branches, mais les frais
deviendraient par trop considérables. Les
pommes appartiennent par leurs frais et
par leurs profits au compte « récoltes »;
quand nous les brassons, c'est qu'elles
qu'elles sont vendues, au cours du jour, à
notre compte « distillerie. » Je ne fais pas
figurer au débit des récoltes les frais d'entretien de nos pommiers, parce qu'il est
de toute évidence que la valeur d'un plant
fait partie du capital foncier et que plan-

ter, protéger, greffer, amender, sarfouir, et en général soigner ses arbres à fruits, c'est améliorer son fonds. Toutes les dépenses imputables à l'une quelconque de ces opérations, rentrent donc équitablement dans le compte que nous avons ouvert sous la rubrique « amélioration du fonds. » De même que le foin, les fruits doivent un loyer de magasin; leur conservation est, en effet, une charge de culture; je n'établis pas dès à présent les chiffres de ces loyers; mon intention est, à la fin de l'exercice, quand je connaîtrai exactement les quantités emmagasinées, de fixer une valeur locative correspondant, pour les foins, au quintal métrique, et pour les fruits à l'hectolitre; de telle sorte que nous saurons une fois pour toutes ce que doit coûter à 100 kilog. de foin et à 1 hectolitre de fruits leur loyer d'une saison.

Je vous rappellerai que toutes les fois que vous emploierez. pour le service de nos récoltes, pour leurs rentrées ou pour leurs ventes, les chevaux et les voitures de notre écurie, vous aurez à débiter le compte « récoltes, » et à créditer le compte « écurie. » Il en sera évidemment de même pour les bois.

Le produit en bois de notre ferme se compose de trois catégories de marchandises :

1o Les bourrées chauffournières ;
2o Les bourrées câblées ;
3o Le bois en corde.

Les premières proviennent de la coupe aménagée à 6 ans de nos bois taillis et de l'émondage de nos haies ; elles sont faites à façon et à raison de 9 à 10 fr. le cent, que nous vendons environ 25 fr.

La deuxième catégorie, celle des bourrées câblées, provient de nos taillis ; elles sont récoltées à raison de. . . . . le cent, et vendues de 70 à 80 fr.

Les bois en corde, fournis en partie par

les pommiers abattus par les vents ou morts, par les arbres de haut jet, les trognes ou autrement dit tètards, sont mis en cordes au prix de 4 fr. l'une, et vendus de 16 à 20 fr. pour bois de chauffage,

Les chiffres ci-dessus vous démontrent d'eux-mêmes combien la façon est chère par rapport au prix vénal de la marchandise.

Nous devrons donc abandonner le système généralement adopté dans le pays pour celui du travail à la journée, afin qu'ayant choisi de bons ouvriers et les surveillant de près, nous nous rendions un compte exact de ce qu'il appartient réellement de payer la façon de nos bois.

VII. DISTILLERIE. — Toutes les opérations qui ont pour objet la transformation des pommes et des poires en cidre, poiré et alcool ressortissent à la distillerie. Celle-ci est une industrie annexe de notre exploitation agricole, laquelle nous achète les fruits de la ferme comme elle les achète aux fermes étrangères et en extrait le cidre ou le poiré pour obtenir plus tard de ceux-ci l'alcool, si les circonstances commerciales s'y prêtent ou bien pour vendre directement les cidres et poirés.

Rien n'est donc plus facile que d'établir le compte de la distillerie puisqu'elle est un être tout-à-fait à part de notre exploitation. Elle a ses bâtiments à usage d'usine, ses caves, son matériel, son personnel distincts, et nous n'avons d'autres rapports avec elle que ceux-ci : elle nous achète nos récoltes de fruits et nous lui faisons son service de manége et ses transports avec notre écurie. La distillerie paye les fruits au cours du jour et le service de deux chevaux et de leur conducteur au prix constant de 1 fr. l'heure et, d'un seul cheval et de son conducteur, à raison de 65 cent. l'heure.

CIDRERIE.

J'ai cherché dans l'établissement de la cidrerie de ma ferme à réaliser deux choses qu'il vous faut constamment avoir présentes à l'esprit.

1º Produire avec chaque hectolitre de fruits une quantité de jus plus grande qu'on n'a coutume de le faire dans le pays;

2º Economiser sur les frais de main-d'œuvre.

Pour ne parler d'abord que des pommes, laissez-moi vous apprendre que sur 100 0/0 de liquide qu'elles tiennent enfermé dans leurs cellules, les pressoirs du pays les mieux établis, n'en retirent jamais plus de 35 à 40 0/0. Voilà donc une perte nette de 60 à 65 0/0 de gros cidre, due aux procédés défectueux de brassaison.

En quoi ces procédés sont-ils défectueux ? Je vais vous le dire :

Pour extraire le jus d'une pomme il

faut en déchirer d'abord les cellules qu
le tiennent enfermé et pressurer ensuite
fortement pour le recueillir. Or le moulin
ou tour de bois (ou de granit) en usage
dans le pays déchire très incomplètement
les cellules, et la grande presse à levier
n'exerce pas un effort assez puissant sur
le marc pour en faire sortir tout le jus.

Voilà pourquoi j'ai remplacé le tour par
le broyeur-Salmon et la presse normande
par la presse-Samain. Vous n'avez qu'à
examiner les pommes au sortir du broyeur
et à les comparer à celles qu'on écrase
dans le tour pour vous convaincre qu'elles
sont mieux déchirées par le premier
système ; si ensuite vous mettez en paral-
lèle les deux presses vous reconnaîtrez
bien vite l'excès de puissance de celle de
Samain sur celle du pays. J'estime que
notre procédé doit donner 70 0/0 de jus,
au lieu de 35 à 40. Je vous engage à
essayer comparativement les deux métho-

des sur un même nombre d'hectolitres
pris dans un même tas. Le broyeur-
Salmon offre encore un autre avantage,
c'est que tout en n'exigeant qu'un seul
cheval au manége, il écrase 60 hectolitres
de pommes à l'heure, c'est à dire que pour
une même force employée et par conséquent pour la même dépense, il fait 5 à 6
fois plus de travail que le tour, sans compter
que le travail est plus complet. Quant à
la presse, elle n'exige de la part de l'ouvrier qui manœuvre le balancier que de
très courts excès de force et elle assèche
presque complètement un marc de 30 hectolitres en une heure et demie, pour peu
qu'on ait pris soin d'intercaler dans ce
marc, par couches distantes de 15 centi-
mètres, des séries de 5 à 6 véritables tuyaux
de drainage rayonnant du centre à la circonférence de la presse, fermés à leur extrémité du centre, ouverts à leur extrémité de
la circonférence et percés sur leur surface

d'un grand nombre de petits trous. Ces tuyaux construits en fer creux étiré, supportent, sans jamais rompre la pression maximum de 60,000 kilog. que nous obtenons avec notre presse. (Cette pression de 60,000 kilog. ne peut jamais être dépassée, le balancier cessant de fonctionner à cette limite par suite d'une disposition spéciale du mécanisme ; de la sorte, il n'est pas à craindre que l'ouvrier brise la presse par un excès de force ou des à-coups maladroits.)

L'installation d'une pompe Faure, près du belleron, permet à l'ouvrier qui manœuvre la presse d'entonner immédiatement le jus dans nos tonnes et nous économisons, ainsi, le travail long et pénible qui est général dans le pays et qui consiste à entonner avec des petits barils de 50 litres.

Nous avons dans notre cave de grandes et de petites tonnes contenant depuis 100 jusqu'à 10 hectolitres. Les grandes tonnes présentent l'avantage de loger une quantité plus grande de liquide sur une surface carrée donnée, mais leur emploi est nuisible à la qualité des cidres, partout où cette fabrication se fait sur une petite échelle; en voici la raison : Le jus extrait du marc sous la presse est entonné immédiatement, et entre au bout de quelques jours en fermentation naturelle, si l'on fabrique de petites quantités de cidre à la fois; il arrive donc que sur un jus déjà en fermentation, on versera plus tard un jus frais; c'est une cause certaine de trouble pour la fermentation en train, et rien ne doit déranger l'équilibre d'une boisson en fermentation, si l'on prétend obtenir de bons produits; ceci est élémentaire. Aussi ne devrez-vous recourir à vos grandes tonnes qu'aux époques où vous brasserez quatre et cinq jours de suite, sans aucune interruption de travail, de manière qu'elles soient remplies à la fin de ce travail, et avant tout commencement de fermentation. J'insiste beaucoup sur ce point ; c'est là une des causes, peu connue d'ailleurs, du succès ou de l'insuccès dans la fabrication des cidres.

Grâce aux travaux de dérivation d'une petite source que j'ai fait exécuter l'hiver dernier, **et** dont vous avez dû passer les frais au débit de la distillerie, vous avez dans votre pressoir même une eau claire et abondante. Je n'ai donc aucune crainte de vous voir jamais employer, dans l'opération du brassage, les eaux bourbeuses de nos mares, sous prétexte que ces dernières ajoutent aux qualités du cidre. Ne vous laissez pas prendre aux préjugés répandus autour de vous ; la raison ne dit-elle pas assez haut que l'introduction d'une eau nauséabonde dans une boisson ne saurait la rendre délicate ; sachez de plus que la chimie démontre que l'usage des eaux de mares, dans la préparation des cidres, est une des causes qui leur enlèvent presque toujours leurs qualités de conservation au-delà de deux ans.

Un des branchements de la conduite d'eau du pressoir aboutit dans la trémie du broyeur de pommes ; l'opération du rémiage se trouve ainsi rendue des plus faciles, et vous aurez à l'effectuer pour tous les cidres destinés à la distillation.

Vous veillerez pendant les mois rigoureux de l'hiver, à ce que la température ne s'abaisse pas trop dans les caves ; j'y ai installé à cet effet deux thermomètres différents, l'un dit thermomètre à minima, qui marque le degré le plus bas de l'échelle auquel est descendu le mercure, c'est-à-dire le plus grand froid qu'il ait fait depuis votre dernière observation, l'autre un thermomètre ordinaire vous indiquant à chaque instant la température. En visitant vos caves, tous les matins, vous jugerez des soins à prendre pour les préserver d'un grand froid, et il vous sera toujours facile d'y parer, en calfeutrant les ouvertures, les bourrant de foin, etc. Il est urgent, durant la fermentation des cidres, d'écarter les variations brusques de température, et à cet effet, de n'entrer en hiver dans les caves que par les portes donnant dans l'intérieur des bâtiments.

Ces soins vous paraîtront peut-être bien minutieux en regard des habitudes du pays, mais ils sont strictement obligatoires, si nous voulons fabriquer de bonnes boissons.

Nos essais sur l'emploi des marcs à la nourriture des bestiaux, voire même des porcs, n'ont pas réussi dans la mesure que nous attendions; ils seront repris plus tard, lorsque, joignant la culture à notre faire-valoir, nous pratiquerons d'une manière régulière le système de la stabulation permanente. Pour le moment, nous ferons de nos marcs un double usage :

1º Nous retirerons de la presse les marcs parfaitement asséchés, pour les mettre à cuver, après les avoir humectés suffisamment d'eau à 15º ou 20º centigrades, et nous couvrirons les cuves d'étoffes de laine, de manière à maintenir la température constante, ajoutant toujours assez d'eau pour entretenir l'humidité du marc. La fermentation s'établira au bout de quelques jours. Lorsqu'elle sera jugée complète, on soumettra de nouveau les marcs à l'action de la presse, et le jus recueilli sera distillé après avoir fermenté.

2º Cette dernière opération étant faite les marcs seront définitivement abandonnés et mélangés avec des terres et de la chaux ;

ils constitueront un excellent compost pour nos pommiers.

Voici comment vous devrez procéder : vous entremêlerez deux hectolitres de marc avec deux hectolitres de terre et un hectolitre de chaux vive en morceaux. Trois jours après la chaux sera délitée et tombera en poussière ; vous opérerez ce mélange à la bêche. Au bout de trois semaines vous recouperez une seconde fois, pour recommencer une recoupe trois mois plus tard. Le deuxième mois vous recouperez encore le mélange et dès lors vous pourrez employer le compost.

C'est comme de juste, le « compte fumier » qui supportera toutes les charges de cette opération et la distillerie lui vendra les marcs asséchés à raison de 15 fr. 50 le tombereau de un mètre cube, pesant environ 1,000 kil. Le marc de pommes à l'état sec représente en puissance fertilisante le 1/9e de son poids de tourteaux de colza. Or les 1,000 kilos de tourteaux de colza valent en général 140 fr.; donc les 1,000 kilos de marc de pomme valent 15 fr. 50. Le marc à l'état sec renferme 0,63 pour 100 d'azote.

Vous aurez à vous rendre un compte exact des frais de fabrication d'un tonneau (1,000 litres) de cidre de manière à comparer ces frais avec ceux qu'occasionnent aux fermiers voisins un même travail par l'ancien procédé; il faut que la besogne des ouvriers brasseurs soit réglée avec le plus grand ordre et la plus stricte économie pour que vous restiez toujours beaucoup au-dessous des 10 fr. par tonneau que réclament les fermiers aux propriétaires de la ville qui font brasser dans la campagne les fruits qu'ils achètent annuellement pour leur boisson. Je dois vous dire cependant que si les fermiers tenaient une comptabilité régulière comme nous le faisons, ce prix de 10 fr. par tonneau, vu la lenteur de leur travail et les frais accessoires dont il n'ont pas une parfaite connaissance, les constitueraient en perte. Ceci vous prouve, en passant, de quelle importance est l'établissement d'une bonne comptabilité et à quel point celle-ci peut influer sur la fortune des agriculteurs.

PATENTE.

La patente de fabricant d'eau-de-vie de cidre à laquelle la loi vous assujétit est naturellement à la charge du compte « distillerie. » Il importe que vous sachiez comment est établie votre patente.

La législation de la contribution des patentes est régie par la loi du 25 avril 1844; elle a été modifiée par les lois de finances des 18 mai 1850, 10 juin 1853 et 4 juin 1858.

Quand vous voudrez consulter ces lois vous n'aurez qu'à vous procurer chez le notaire le « Bulletin des lois » pour les années 1844, 1850, 1853 et 1858.

La contribution des patentes aux termes desdites lois se compose selon les cas : 1o d'un droit fixe et d'un droit proportionnel; 2o d'un droit fixe seulement; 3o d'un droit proportionnel seulement.

La profession de fabricant d'eau-de-vie de cidre, que vous exercez, est imposée sans égard à la population de la commune où vous résidez; elle est inscrite comme suit au tableau C, annexé à la loi

« Esprit ou eau-de-vie de marc de raisin, cidre ou poiré, fécules et autres substances analogues. (Fabrique 25 fr.) »

(Ce droit sera réduit de moitié pour les fabricants, qui fabriquent moins de 100 hectolitres.)

Vous payez donc 12 fr. 50 de droit fixe, à la condition de ne pas fabriquer plus de 100 hectolitres d'eau-de-vie annuellement.

De plus vous payez, comme font tous ceux qui exercent une profession inscrite à la deuxième partie du tableau C, un droit proportionnel : 1º sur la maison d'habitation ; 2º un vingt-cinquième sur l'établissement industriel.

Voici comment est calculé ce droit proportionnel. Le droit proportionnel est établi sur la valeur locative tant de la maison d'habitation que du local servant à l'exercice de votre profession.

La valeur locative est établie, à défaut de bail et de voie comparative, en calculant à 5 pour cent l'intérêt de la valeur du prix de construction des bâtiments et pour l'usine à raison de 5 pour cent du prix de construction de la cage et de 10 pour cent du prix d'achat de l'outillage.

Or, pour le cas qui vous concerne, votre maison a été portée pour un loyer de 150 fr. et l'outillage pour un prix d'acquisition de 4,000 fr.; la cage fait partie de votre habitation.

Ainsi vous avez d'abord,
droit fixe. . . . . . . 12 fr. 50
    Droit proportionnel :
$1/20^{me}$ de la valeur locative
de la maison d'habitation. . 7   50
    $1/25^{me}$ sur l'établissement
industriel, soit $1/25^{me}$ de
10 0/0 sur 4,000. 16   00
                          36   00

Centimes additionnels.

Le marc le franc de notre commune est 0 fr. 34, soit :

$$36 \times 0{,}34 = 12 \text{ fr. } 24$$

            Total. . 48 fr. 24

POIDS ET MESURES.

Les patentés, dont la marchandise se vend au poids ou à la mesure, sont généralement assujettis à la vérification. Les droits de vérification sont dus par tous les individus ayant des poids et mesures dans leurs magasins , boutiques , ateliers, ou maisons de commerce, ou dans les halles, foires ou marchés, et en général par tous les individus se servant de poids ou de mesures pour l'exercice d'une profession quelconque.

Toutefois, dans chaque département, il est dressé, par le préfet, *un tableau* des professions qui doivent être assujetties à la vérification. Ce tableau indique le minimum de l'assortiment des poids et mesures et des instruments de pesage, dont chaque profession est tenue de se pourvoir.

Les professions qui ne sont pas nominativement désignées dans le tableau précité ne sont pas soumises au droit de vérification.

Ce tableau est au *Recueil des Actes*

administratifs, qui existe dans toutes les mairies.

. Pour déterminer les droits dus par chaque assujetti on multiplie chaque poids, mesure et instrument de pesage, dont il est tenu d'être muni, par la quotité de la taxe fixée, pour chacun de ces objets dans le tarif général ; la réunion de ces diverses taxes forme le montant des droits.

Les poids et mesures excédant l'assortiment obligatoire seront vérifiés et poinçonnés gratuitement.

La vérification a lieu tous les ans dans le chef-lieu d'arrondissement et dans les communes désignées par le préfet, et tous les deux ans dans les autres communes Il résulte de cette disposition, que la taxe est due tous les ans dans les premières communes et tous les deux ans dans les autres.

Tout ce qui précède, est relaté dans les lois des 17 avril 1839, 18 décembre 1825, 21 décembre 1832 et 18 mai 1838.

Une ordonnance royale du 28 décembre 1832 prescrit de réduire d'un dixième la rétribution dans les communes où la vérification a lieu tous les ans.

Il est probable que le vérificateur des poids et mesures se présentera chez vous; vous aurez à lui demander si votre profession de fabricant d'esprit ou eau-de-vie de marc de raisin, cidre, etc., est inscrite au tableau du préfet de notre département, si non vous vous refuserez à la vérification; si elle est inscrite, au contraire, vous prendrez note des mesures auxquelles votre profession vous assujettit, vous y joindrez pour chaque mesure en particulier la quotité de la taxe marquée au tarif général et vous vérifierez votre dû concurremment avec le vérificateur.

Ne vous étonnez pas que je me sois étendu aussi longuement sur une question de taxe qui ne dépassera pas 3 ou 4 francs par an. Mes motifs sont divers.

Le premier de tous c'est qu'en fait de comptabilité, il n'y a ni petites ni grandes dépenses, il n'y a que des articles au doit et à l'avoir, dont la raison d'être et le chiffre veulent être discutés aussi bien s'il s'agit de centimes que de milliers de francs.

J'ajoute qu'il n'est pas sans intérêt pour le public des contribuables en général, que quelques-uns examinent très scrupuleusement les impositions et taxes auxquelles on les assujettit et cela surtout parmi les agriculteurs. Ce n'est pas que je prétende ici que l'Etat perçoive indûment la dette du contribuable, mais il est quelquefois servi par des agents subalternes dont le zèle exagéré dépasse le but qui leur est marqué.

Vous en avez eu une preuve récente lorsqu'il s'est agi de votre patente que, grâce à mes indications, vous avez fait réduire des 3/4.

Enfin, il m'a toujours semblé que le contribuable était par trop ignorant de la légatité des charges qui pèsent sur lui et que le temps était venu pour tous ceux qui en ont quelques notions, d'enseigner en toute occasion, comment et pourquoi chacun est imposé.

Vous même vous avez difficilement compris qu'on fût venu vous déclarer que vous aviez à vous pourvoir d'une patente et à vous soumettre, comme les débitants de boissons, à l'exercice des commis de la régie.

La raison du fisc était cependant bien simple ; vous n'êtes pas ce que la loi appelle un *bouilleur de crû*, car le bouilleur de crû est celui qui distille les produits de la terre qu'il exploite ; vous achetez les cidres au dehors, vous les distillez ensuite, et de ce fait vous devenez *bouilleur de profession*. Or, ceux qui ont fait la loi ont exempté de la patente et de l'exercice le bouilleur de crû dans l'intérêt de l'agriculture ; ils n'avaient aucune raison d'exempter le bouilleur de profession, qui exerce une industrie du genre de toutes les autres.

C'est donc très justement que les contributions indirectes vous ont soumis à l'exercice.

IMPOTS.

L'impôt foncier, dont le montant doit être porté au débit du compte « frais généraux » comprend les propriétés bàties ou non bàties.

Il y a sur votre ferme deux sortes de propriétés bàties :

1° La maison manable ou d'habitation ;

2° Les bàtiments à usage d'agriculture, tels que pressoir, grange, étable, écurie, charreterie, etc.

Ces derniers, aux termes de la loi, ne sont évalués qu'en raison de la superficie du sol qu'ils couvrent, et sur le pied des meilleures terres labourables de la commune.

Quant à la maison manable, elle est imposée proportionnellement à son *revenu net moyen*, calculé sur un nombre d'années déterminées.

Le revenu net imposable de votre maison est, d'ailleurs, réduit *d'un quart* pour *dépérissement*, *réparations* et *entretien*.

Quant à l'impôt dû par les propriétés non bâties, c'est-à-dire par le sol, l'extrait de la matrice cadastrale, que vous avez entre les mains lui sert de base.

Chacune des parcelles, composant notre ferme, figure à la matrice sous un numéro particulier, avec : 1º sa dénomination ancienne, pour ainsi dire son nom de baptême dans le quartier ; 2º sa nature (labour, pré, verger, herbage, taillis, etc.) 3º sa contenance en hectares, ares et centiares ; 4º son classement par rapport aux terres de même nature dans la commune ; 5º son revenu cadastral ou matriciel. Ce revenu matriciel n'est pas le revenu net ou réel. Dans chaque commune, le conseil municipal fixe « *la proportion de rehaussement* », c'est-à-dire le nombre par lequel il faut multiplier le revenu matriciel pour avoir le revenu net, celui qui reste au propriétaire, défalcation faite de ses frais de *culture, semence, récolte* et *entretien*.

Le revenu matriciel est invariable d'un cadastrement à l'autre ; la proportion de rehaussement varie, au contraire, avec le contingent communal dans la répartition de l'impôt foncier.

Le revenu cadastral de notre ferme est de 497 fr. 29 d'une part, et de 584 fr. de l'autre, ensemble 1,081 fr. 29 ; en ce moment, la proportion de rehaussement dans notre commune est de 2 fr. 50. Le revenu réel ou net de notre ferme s'obtiendra donc en multipliant 1,081 fr. 29 par 2 fr. 50, soit 2,702 fr. 90.

Je prends, pour mieux préciser, la

feuille même sur laquelle est relevée la matrice du Boucherot. (Voir le tableau A.)

Récapitulant les numéros inscrits sous le nom « Lieu Boucherot, » nous aurons une contenance en culture (première, deuxième, troisième classe de 3 hectares 12 ares 60 centiares et un revenu cadastral de 222 fr. 16.

Multipliant par la proportion de rehaussement, 2 fr. 50, le revenu réel sera donc, pour la cour entière, de 555 fr. 40, et vous savez que c'est environ le prix qu'elle était louée au dernier fermier.

Je vous ferai remarquer que votre jardin a des dimensions inusitées. Généralement, le jardin d'un petit fermier varie entre 8 et 10 ares ; le vôtre en a 27 40, c'est beaucoup trop ; il vous faudra entretenir un ouvrier presque constamment pour ne pas récolter, très probablement, de quoi payer son travail. Je vous engage à réduire le plus

TABLEAU A.

NOMS, PRÉNOMS, PROFESSIONS et DEMEURES PROPRIÉTAIRES OU USUFRUITIERS	ANNÉE de la MUTATION	INDICATION				CONTENANCE IMPOSABLE PAR PARCELLE			CLASSE	REVENU par PARCELLE		
		de la SECTION	du n° de la SECTION	DES CANTONS ou LIEUX DITS	DE LA NATURE de la PROPRIÉTÉ	hect.	ares	cent.		Fr.	Cent.	
Mr N.,		F.	133	Lieu Boucherot	Verger	2	85	20	1, 2. 3	185	34	
Ingénieur			134	»	Sol de maison	»	02	20	1	»	61	
			135	»	Pressoir	»	01	42	1	»	40	
au	1858		136	»	Grange	»	01	20	1	»	38	
Castelier.			137	»	Jardin	»	01	20	2	»	78	
			138	»	Four	»	»	44	1	»	12	
			139	»	Jardin	»	27	40	2	17	31	
			134	»	Maison	«	»	»	»	15	»	Neuve.

tôt possible au tiers l'étendue du sol que vous consacrez à vos légumes.

L'impôt des portes et fenêtres est comme l'impôt foncier un impôt de répartition, c'est-à-dire qu'il est réparti entre tous les contribuables de la commune, proportionnellement au nombre de leurs portes et fenêtres imposables et, au moyen d'un tarif établi par la loi.

Ce tarif (loi du 21 avril 1832) tient compte du chiffre de la population des communes et du nombre des ouvertures des maisons, ainsi que du nombre de leurs étages.

Nous sommes naturellement dans les conditions les plus douces du tarif, puisqu'il débute par les communes de moins de 5,000 âmes pour s'élever jusqu'aux com-. munes de plus de 100,000. Notre commune atteint à peine 3,000 âmes.

Voici, du reste, la ligne du tableau qui nous concerne. (Voir le tableau B.)

TABLEAU B.

POPULATION des COMMUNES	POUR LES MAISONS à										POUR LES MAISONS à 6 ouvertures et au-dessus			
	1 Ouverture		2 Ouvertures		3 Ouvertures		4 Ouvertures		5 Ouvertures		PORTES CHARRETIÈRES		PORTES ET FENÊTRES du rez-de-chaussée 1er et 2e étage	
	F	C	F	C	F	C	F	C	F	C	F	C	F	C
Au-dessous de 5,000 âmes.	»	30	»	45	»	90	1	60	2	50	1	60	»	60

Toutefois, ce tarif est susceptible d'une augmentation ou d'une diminution proportionnelle selon que son produit total est inférieur ou supérieur au contingent de la commune en principal et centimes additionnels.

Ne vous étonnez donc pas de voir quelquefois vos fenêtres imposées à 35 ou 40 centimes au lieu de 30, comme aussi de voir descendre l'impôt à 25 centimes.

Les portes et fenêtres *pratiquées dans l'intérieur des bâtiments* ne sont pas imposables.

Ne sont pas imposables non plus les portes et fenêtres servant à éclairer ou à aerer *les granges, bergeries, étables, laiteries, châlets, serres et orangeries* et tous locaux servant exclusivement à l'agriculture; ainsi celles des *pressoirs* qui ne servent pas à travailler pour le public, celles des *greniers, caves, combles ou toitures* sont exemptes de l'impôt. Mais les *man-*

sardes et tabatières servant à éclairer l'escalier de l'habitation ou des pièces habitables sont imposables.

Les portes en claire-voie construites en fer, en bois ou en treillage sont imposables lorsqu'elles donnent accès à des locaux destinés à l'habitation, où lorsqu'elles ferment une cour, un jardin, un clos quelconque renfermant une habitation.

Dans les communes au-dessous de 5,000 âmes les portes charretières donnant accès aux maisons ayant moins de six ouvertures sont imposées comme portes ordinaires.

La taxe personnelle que vous payez est fixée au taux de trois journées de travail. Le Conseil genéral détermine le prix de la journée de travail pour chaque commune, de telle sorte que la taxe est égale pour tous les habitants d'une même commune.

La taxe mobilière est établie au prorata de la valeur locative de votre habitation.

Il ne serait pas légal de prendre pour base le plus ou moins d'importance de votre mobilier, ni vos facultés présumées, encore moins celles du propriétaire pour lequel vous administrez la ferme, ni le revenu cadastral de votre habitation ; la seule base équitable et conforme à l'esprit de la loi, c'est le prix auquel pourrait communément se louer votre maison à quelqu'un qui aurait besoin d'être logé dans la commune.

Enfin, vous devez la taxe de prestation pour l'entretien des chemins vicinaux.

Ne vous en plaignez pas, car vous savez mieux que personne quand vous conduisez vos récoltes sur les marchés, qu'on ne saurait jamais faire assez pour l'entretien des chemins.

La loi dit que tout propriétaire, régisseur ou fermier, etc., *porté au rôle des contributions directes*, pourra être appelé à fournir chaque année une prestation de trois jours :

Pour sa personne et pour chaque individu mâle de 18 à 60 ans, membre ou serviteur de la famille et résidant dans la commune.

Et pour chacune des charrettes ou voitures *attelées*, ainsi que pour chaque bête de somme, de trait, de selle au service de la famille dans la commune.

NOTE. — Voici, pour votre gouverne, un modèle de bail ; c'est dans ces termes que vous devrez conclure avec votre voisin Z. Ce bail est conforme aux us et coutumes du Pays-d'Auge.

Bail fait par M. Z..., demeurant à ***, pour trois, six ou neuf années consécutives, qui commenceront à courir à partir de Noël prochain (1862).

A M. N..., cultivateur, demeurant à ***, d'une propriété située à ***, consistant en une cour manable, un pré entouré par des lisses, deux herbages, une petite cour et une lisière de bois qui longe le ruisseau, lesquels objets le preneur a déclaré bien connaître.

La présente location est faite aux conditions suivantes :

1º Le preneur jouira des objets loués en bon père de famille, il fera les réparations locatives à sa charge, parce que le tout lui sera donné en bon état à son entrée en jouissance ; il curera les fossés et les rigoles, et les terres en provenant, après avoir été réunies aux fumiers et mûries, pendant un an au moins, seront portées sur le pré et au pied des jeunes pommiers ; il fera faire tous les ans trois jours de couvreur sur les bâtiments, parce que la tuile, la chaux et le sable lui seront fournis par le bailleur.

2º Le preneur fera dépouiller les herbes par des bœufs ; il aura néanmoins la faculté d'y mettre une vache ; les foins et relais qu'il récoltera seront dépensés sur

la ferme, et il lui est expressément défendu
de les vendre ;

3º Le preneur pourra faire un pré de
l'herbage qui se trouve de l'autre côté du
ruisseau et y substituer celui actuel;

4º Le preneur tiendra en bon état les
arbres fruitiers; il veillera soigneusement à
ce qu'ils ne soient pas endommagés par
les bestiaux, il les fera sarfouir tous les
trois ans, il enlevera les grippillons qui
seront au pied;

5º Les bois secs et ceux qui seront
abattus par les vents, ainsi que les éplu-
chures des pommiers appartiendront au
bailleur ; les haies et la lisière du bois seront réglées en six coupes égales.

Le présent bail est fait, en outre ces
conditions, moyennant la somme de qua-
torze cents francs de fermage par an,
payable en deux termes égaux qui commenceront à courir à Noël prochain et dont
le premier terme sera payé à la Saint-

Jean suivante, et le second à Noël pour continuer ainsi tous les ans jusqu'à l'expiration du présent.

Indépendamment et en sus des fermages ci-dessus stipulés, le preneur payera tous les impôts qui grèvent la propriété louée.

Fait double à ***.

Signé : Z.

N.

Lisieux. — Typog. et lithog. de Mme Lajoye-Tissot.